Brian Tonthozo Ntakati

Wpływ karmienia Moringa do Oreochlomis Shiranus

Brian Tonthozo Ntakati

Wpływ karmienia Moringa do Oreochlomis Shiranus

w systemach półintensywnych.

Wydawnictwo Bezkresy Wiedzy

Imprint
Any brand names and product names mentioned in this book are subject to trademark, brand or patent protection and are trademarks or registered trademarks of their respective holders. The use of brand names, product names, common names, trade names, product descriptions etc. even without a particular marking in this work is in no way to be construed to mean that such names may be regarded as unrestricted in respect of trademark and brand protection legislation and could thus be used by anyone.

Cover image: www.ingimage.com

This book is a translation from the original published under ISBN 978-613-8-83936-1.

Publisher:
Wydawnictwo Bezkresy Wiedzy
is a trademark of
Dodo Books Indian Ocean Ltd., member of the OmniScriptum S.R.L Publishing group
str. A.Russo 15, of. 61, Chisinau-2068, Republic of Moldova Europe
Printed at: see last page
ISBN: 978-620-2-44689-1

WPŁYW KARMIENIA MĄCZKI Z LIŚCI *MORINGA OLEIFERA* NA WYDAJNOŚĆ WZROSTU *OREOCHROMIS SHIRANUS* W SYSTEMIE PÓŁINTESYWNYM

Brian Ntakati BSc1 & Austin Mtethiwa PhD1 & Jeremiah Kang'ombe PhD1

Wydział Nauk o Akwakulturze i rybołówstwie, Afrykańskie Centrum Doskonałości w dziedzinie Akwakultury i Rybołówstwa (AquaFish), Bunda Campus, Uniwersytet Rolniczy i Zasobów Naturalnych Lilongwe,
P.O. Box 219, Lilongwe, Malawi.

Odpowiedni autor: *brianntakati@gmail.com Komórka: 0991073865

Streszczenie

W obliczu zmian klimatycznych i presji na zaspokojenie stale rosnącego popytu na ryby i produkty rybne, hodowcy ryb w Malawi zwrócili uwagę na źródła białka roślinnego do produkcji ryb. W LUANAR przeprowadzono badania mające na celu ocenę wpływu zastąpienia śruty sojowej mączką z liści *Moringa oleifera* na wydajność wzrostu *Oreochromis shiranus* w zbiornikach z nawożonym obornikiem kurczaka. Metodologicznie; Dziewięć 200 zbiorników na ściółkę wykorzystano do podniesienia populacji mieszanej paluszków *Oreochromis shiranus*. Dane dotyczące masy ciała, długości i parametrów wody zbierano co dwa tygodnie. SPSS 20 został wykorzystany do analizy danych. Przeprowadzono badanie ANOVA i nie stwierdzono istotnych różnic między zabiegami (P<0,05) w wydajności wzrostu w całym okresie doświadczalnym. W przypadku wskaźnika przeżywalności, w którym występowały istotne różnice w leczeniu, test Tukeya wykorzystano jako test post hoc. Tempo wzrostu swoistego (SGR) nie różniło się istotnie (P<0,05) między leczeniem śruty sojowej (T2) w dawce 0,57±011%/dobę a kombinacją soi i moringi (1:1) (T3) w dawce 0,57±0,12%/dobę. Zabiegi te różniły się istotnie od leczenia zawierającego tylko moringę (T1) przy 0,62±0,07%/dobę. Wskaźnik przeżywalności różnił się istotnie (P<0,05) T2, 88,89%, następnie T1 (66,67%), T3 odnotował 50% wskaźnika przeżywalności. Współczynnik konwersji paszy (FCR) nie różnił się między poszczególnymi metodami leczenia. T1 wynosiła 1,29 ± 0,11, T2 1,67 ± 1,37, a T3 1,39 ± 0,63. Temperatura, poziom amoniaku i pH mieściły się w zalecanych zakresach. Mętność wahała się od 6,6 do 16,02 cm. Nie różniły się one znacząco od siebie.

($P>0.05$) we wszystkich zabiegach. Badanie to pomaga nam podsumować i zalecić stosowanie mączki z liści *moringa oleifera* do hodowli *Oreochromis shiranus* w systemach półintensywnych wyłącznie lub jako suplement zastępujący śrutę sojową, ponieważ nie stwierdzono istotnych różnic w wydajności wzrostu ryb hodowanych na tych dietach, a jakość wody nie uległa pogorszeniu.

Słowa kluczowe: *Oreochromis shiranus; Moringa oleifera; mączka sojowa; obornik z kurczaka; system półintensywny*

Spis treści

WYKAZ TABELEK

WYKAZ DANYCH LICZBOWYCH

Ryc. 1: Średni wzrost (waga) *Oreochromis shiranus* karmionego mączką z liści *moringa*, mączką sojową i mączką sojową + mączką sojową hodowaną przez84 days lat.

1.0 INTRODUKCJA

1.1 Żywienie w akwakulturze

Produkcja pasz dla zwierząt wodnych jest obecnie jedną z najszybciej rozwijających się gałęzi przemysłu rolnego na świecie z roczną stopą wzrostu przekraczającą 30% rocznie. Pasza jest bardzo ważna dla hodowanych ryb w niewoli, ponieważ nic nie jest ważniejsze niż prawidłowe odżywianie i odpowiednie żywienie (FAO, 2014). Podkreśla to dodatkowo fakt, że pasza stanowi około 40 - 60 % całkowitych kosztów produkcji w akwakulturze (Fagbenro i Davies, 2003 r.). Zarządzanie, czynniki środowiskowe i wielkość ryb mają wpływ na poziom składników pokarmowych w celu zapewnienia optymalnej wydajności. Jeśli pasza nie jest spożywane przez ryby lub jeśli ryby nie są w stanie wykorzystać paszy z powodu niedoboru składników odżywczych, wtedy nie będzie wzrostu (Kang'ombe, 2011). W obliczu stale rosnącego popytu na ryby i produkty rybne, zarówno na rynku lokalnym, jak i światowym, rolnicy zajmujący się akwakulturą stoją przed wyzwaniem znalezienia sposobów zwiększenia produktywności ryb. W dążeniu do spełnienia tego wymogu uwaga rolników zwróciła się ku źródłom składników odżywczych dla roślin, których jednym z obiecujących kandydatów jest moringa, stąd potrzeba przeprowadzenia tych badań.

1.2 Moringa oleifera L.

Moringa oleifera to najczęściej uprawiany gatunek z rodziny monogenetycznej, *Moringaceae*, który pochodzi z podhimalajskich traktatów Indii, Pakistanu, Bangladeszu i Afganistanu. To szybko rosnące drzewo (znane również jako chrzan, drzewo podudzia lub drzewo oleiste Ben), było wykorzystywane przez starożytnych Rzymian, Greków i Egipcjan; obecnie jest uprawiane i zostało naturalizowane w wielu miejscach w tropikach (Fahey, 2005).

W Malawi moringa rośnie w wielu częściach kraju, w tym w regionie centralnym, gdzie jest lokalnie znana jako *Chammwamba* oraz w regionie południowym, na przykład w Nsanje, gdzie jest znana jako *Nsangowa*. Roślina ta ma wiele zastosowań; Jahn, (1986) doniósł, że oprócz budowy ogrodzeń, zapewnienia cienia i ściółkowania między innymi, jest to roślina lecznicza na liczne dolegliwości zarówno dla ludzi, jak i zwierząt. Od dłuższego czasu jest również źródłem pożywienia i paszy ze względu na wysoką wartość odżywczą. Wodny wyciąg z dojrzałych nasion drzew i krzewów rodziny *Moringacea* skutecznie oczyszcza mętne i ścieki w krajach tropikalnych (Jahn *i in.*, 1986). Zakład ten zawiera do 24±5,8 procent surowego białka w liściach (Witt, 2013). To właśnie ze względu na tę szczególną cechę niektórzy hodowcy ryb rozpoczęli stosowanie jej jako źródła białka roślinnego dla swoich ryb. Proszek z nasion Moringa jest również znany jako naturalna alternatywa dla importowanego glinu (siarczanu glinu), syntetycznego koagulantu konwersyjnego w pomieszczeniach dla hodowli ryb, takich jak stawy ziemne, zapory w gospodarstwach

rolnych i kanały nawadniające. Można go uzyskać lokalnie przy ułamku alu w wielu krajach, prostego w użyciu.
i tanie w utrzymaniu (Jahn, 1986; Ndabigengesere i Nasarasiah, 1998)

Badania te są zatem najważniejsze przede wszystkim z punktu widzenia historii malawianskiej akwakultury. Ma na celu wypełnienie luki informacyjnej, która istnieje od dłuższego czasu, ponieważ usunie ona mgłę, która tam była pod względem znaczenia gospodarczego i bezpieczeństwa stosowania diety Moringa w postaci liści.

2.0 STWIERDZENIE PROBLEMU I JEGO UZASADNIENIE

Większość źródeł białka, takich jak mączka rybna, mączka sojowa i makuchy z nasion słonecznika są drogie i nie zawsze dostępne lokalnie dla hodowców ryb, istnieje zatem potrzeba znalezienia alternatywnych źródeł tych składników odżywczych. Źródła białka powinny być nie tylko tanie i lokalnie dostępne, a także zapewniać przetrwanie i szybki wzrost, ale nie powinny mieć negatywnego wpływu na parametry jakości wody w środowisku hodowlanym. Dieta na bazie liści Moringa obiecuje, że może stanowić priorytetową alternatywę.

Karmienie ryb Moringa, podobnie jak w przypadku każdego innego pokarmu, może mieć pewien wpływ na jakość wody w środowisku hodowlanym. Grabow, Slabbert, Morgan i Jahn (1985) poinformowali o śmiertelności ryb hodowanych w pomieszczeniach w Nigerii z powodu uporczywego i masowego stosowania nasion Moringa jako naturalnego koagulantu. W Malawi nie wiadomo jednak wyraźnie, czy mączka z liści Moringa może kompetentnie stanowić alternatywę dla mączki sojowej jako źródła białka i w jaki sposób pokarmy z mączki z liści moringa wpływają na jakość wody w stawach zaopatrzonych w *Oreochromis shiranus*.

3.0 PRZEGLĄD POD KĄTEM WYSTĘPOWANIA CHORÓB ROZSIANYCH

3.1 Morfologia drzewa moringa

Moringa oleifera to małe lub średnie drzewo wiecznie zielone lub liściaste, które może rosnąć do wysokości 10-12 metrów. Ma rozłożoną, otwartą koronę, typowo parasolową. Roślina wysyła swoje korzenie głęboko w ziemi. Pień jest zazwyczaj jednoramienny, ale czasami rozwidlony od podstawy. Kora jest korkowa i szara. Gałęzie są delikatne i opadające, z pierzastymi liśćmi. Młode gałązki pokryte są krótkimi, gęstymi włosami, purpurowo lub zielonkawo-białymi w kolorze. Liście Moringa są naprzemiennie, 760 cm długości tripinnately połączone ze sobą pierzastymi, niosącymi wiele pachnących kwiatów. Kwiaty *Moringa* są pięcioramienne, zygomorficzne, mają długość 7-14 mm i barwę od białej do kremowej. Owocem jest zazwyczaj 3-zaworowa kapsułka o długości 10-60 cm, często nazywana "strąkiem" i wyglądająca jak podudzie, stąd nazwa "drzewo podudzia". Owoce są zielone, gdy są młode i brązowawe, gdy są dojrzałe. Dojrzałe owoce rozszczepiają się pod każdym kątem, aby odsłonić nasiona. Kapsułka zawiera około 15-20 zaokrąglonych nasion oleistych o średnicy 1-1,5 cm otoczonych 3 papierowymi skrzydłami o długości do 2,5 cm. Ogólnie rzecz biorąc, roślina jest odporna, daje wysokie plony i rozwija się w niekorzystnych strefach ekologicznych (Egwui, Mgbenka i Ezeonyejiaku, 2013).

3.2 Wartość odżywcza liści Moringa

Liście *Moringa oleifera*, jądro i beztłuszczowe mączki z nasion są bardzo odżywcze i zawierają odpowiednio 26,4%, 36,7% i 61,4% surowego białka. Jądro zawiera ponad 40% dobrej jakości oleju porównywalnego z oliwą z oliwek. Liście i strąki są bogate w witaminy A, B i C oraz minerały (FAO, 2014).

3.3 Niezbędne aminokwasy w liściach Moringi

Świeże liście moringa mają bardzo dobry wzorzec kwasów aminowych. Sarich (2014) poinformował, że liście zawierają niezbędne aminokwasy, w tym izoleucynę, leucynę, lizynę, metioninę, fenyloalaninę, treoninę i tryptofan. Liście *Moringa oleifera* zawierają również następujące inne niż istotne aminokwasy: alaninę, argininę, kwas asparaginowy, cysteinę, glicynę, histydynę, serynę, prolinę, tyrozynę i kwas glutaminowy.

3.4 Zawartość minerałów

Minerał jest pierwiastkiem występującym w popiele, gdy spala się żywność lub tkankę ciała. Jak podają Anjorin, Ikokoh i Okolo (2010) minerały nie mogą być syntetyzowane przez zwierzęta i muszą być dostarczane w postaci roślin lub wody bogatej w minerały (Mosha, Pace,Adeyeye, Mtebe i Laswai, 1995). Organizmy żywe wykorzystują minerały do regulacji osmotycznej, aktywacji enzymów, hormonów i innych cząsteczek organicznych, które wspomagają wzrost, funkcjonowanie i utrzymanie procesów życiowych (Aslam, Anwar,

Nadeem, Rashid, Kazi i Nadeem, 2005). Minerały są albo niezbędne, albo nieistotne. Podstawowymi minerałami są te, które są potrzebne w ilościach przekraczających 100 g dziennie. W liściach moringa są to: wapń, chlorek, magnez, fosfor, potas i sód. Z drugiej strony, istnieją również inne niż istotne minerały, które są wymagane w ilościach mniejszych niż 100 g dziennie, takie jak chrom, kobalt, miedź, jod, żelazo, mangan, selen i cynk. Skład mineralny rośliny odgrywa znaczącą rolę w jej wartościach odżywczych, medycznych i terapeutycznych (Rajurkar i Damame, 1998; Choudhary i Reman 2002; Al-kharusi, Elmardi, Al-Said, Abdelbasit i Al-Rawahi, 2009). Należy jednak podkreślić, że zawartość minerałów w morindze różni się w zależności od położenia geograficznego, jak podał Aslam *et al*, (2005).

3.5 Stosowanie liści *Moringa oleifera* jako paszy dla ryb

Przeprowadzono wiele badań nad zastosowaniem mączki z liści moringa jako paszy dla ryb ze względu na jej bogactwo w białko i została ona przetestowana jako potencjalny zamiennik mączki rybnej. Jednakże próby żywieniowe wykazały, że tylko ograniczone ilości mączki z liści moringa mogą być bezpiecznie stosowane w diecie ryb, co prawdopodobnie wynika z obecności fenoli, saponin, kwasu fitynowego i innych metabolitów o działaniu odżywczym u ryb (Richter, Siddhuraju i Becker, 2003; Egwui *i in.*, 2013).

Włączenie ograniczonej ilości mączki z liści moringa do diety Nilu tilapia zbadano do 810% diety (Abostate *et al* 2014; Yuangsoi *et al.*, 2011; Richter *at al* 2003; Afuang *et al.* 2003). W diecie, w której Liście moringa zostały włączone w 10%, aby zapewnić dodatkowe białko, strawność białka została zgłoszona w zakresie od 68% do 75%, a dzienny przyrost masy ciała został zwiększony o 30% (Yuangsoi *et al* 2011). Poziomy inkluzji wyższe niż 10% skutkowały niższym tempem wzrostu właściwego, niższym zużyciem składników pokarmowych i uboższym składem tuszy (Abo-State *i in.*, 2014). W tym moringa na 12% (jako karmione, zastępując 15% białka sojowego) znacznie zmniejszona strawność suchej masy (DM), a wskaźnik włączenia 24% zmniejszył strawność wszystkich składników odżywczych (Kasiga *et al*, 2014).

W podobnym badaniu, ale pracując z Redbreast tilapia (*Coptodon rendalli*), Hlope *et al* (2014) zgłosił sukces w zastąpieniu mączki z liści moringa do 25% diety z ryb bez uszczerbku dla wzrostu.

Włączenie mączki z liści Moringa na poziomie 12% diety dla sumów afrykańskich zastąpiło ciasto z orzeszków ziemnych bez uszczerbku dla wydajności ryb (Olaniyi *et al,* 2013). Włączenie do 20% mączki z liści moringa nie wpłynęło na wydajność ryb, współczynnik konwersji pokarmu i wydajność białkową, ale wyższe tempo wzrostu aktywności enzymów serum, co sugerowało pewne uszkodzenia komórek (Ozovehe, 2013).

3.6 Czynniki antyżywieniowe

Czynniki odżywcze to substancje, które zmieniają wartość odżywczą pasz i jednocześnie wpływają na zdrowie ryb. Moringa zawiera niektóre z tych substancji chemicznych w stosunkowo dużych ilościach, na co zwrócili uwagę Makker, Francis i Becker (2007).

Tabela 1: Wyniki analizy ilościowej składników fitochemicznych obecnych w wyciągu z liści *Moringa oleifera.*

Związek fitochemiczny w procentach	Ilość
Fenole	0.19
Alkaloidy	0.42
Garbniki	8.22
Saponiny	1.75

Źródło Ojiako (2014)

4.0 MATERIAŁY I METODY

4.1 Obszar badań

Eksperyment został przeprowadzony w Bunda Aquaculture Farm of the Aquaculture and Fisheries Department of Lilongwe University of Agriculture and Natural Resources (LUANAR).

4.2 Ustawienie doświadczalne

Do doświadczenia wykorzystano dziewięć (9) 200 okrągłych plastikowych zbiorników wypełnionych wodą do oznaczenia 150 sztuk ściółki przez okres 84 dni. Zbiorniki zostały nawożone na dwa tygodnie przed zarybieniem obornikiem 75g obornika z kurczaka zgodnie z wytycznymi Swift (1993). Zbiorniki ustawiono za wylęgarnią mokrą, gdzie docierało do nich wystarczająco dużo światła słonecznego, aby ułatwić naturalną produkcję.

Dwanaście (12) paluszków *Oreochromis shiranus* zgromadzono w każdym zbiorniku o początkowej średniej masie ciała 13,6±0,84 g i średniej długości całkowitej 95±0,64 mm.

Tabela 2: Obróbka, replikacja i stopień zarybiania ryb

Liczba rybTotal Replikat #	**Replikat #1**	**Replikat # 2**	**Replikat # 3**	
1. *Moringa oleifera*36 mączka z liści				
2. Sojameal	12	12	12	36
3. *Moringa oleifera*& Sojameal	12	12	12	36
GRANDTOTAL				**108**

Całkowicie randomizowany projekt (CRD) został wykorzystany do skonfigurowania eksperymentu, jak przedstawiono w tabeli 3 poniżej.

Tabela 3: Obróbka w projekcie całkowicie randomizowanym

ZbiornikNumber	1	2	3	4	5	6	7	8	9
Treatment	3	1	1	3	2	2	1	2	3

4.3 Formulacja i przygotowanie paszy

Liście Moringa zostały zebrane w Ngabu i Nsanje. Zostały one wysuszone w szopie, aby uniknąć wysuszonego światła słonecznego, które ma negatywny wpływ na wartość odżywczą liści (Ojioko, 2014). Potrzeba było trzech dni, aby liście wyschły i stały się wystarczająco kruche, aby łatwo się rozbić. Liście były rozdrabniane w silniku, a następnie przesiewane przy użyciu sita kuchennego z cienką siatką w celu uzyskania drobnego proszku. Fasola sojowa została kupiona na lokalnym targu Mitundu. Prażono je do brązowienia w celu wyeliminowania czynników przeciwodżywczych, zanim zostały zmielone na drobną mąkę. W tabeli 4 przedstawiono poziomy inkluzji w preparatach dietetycznych.

Tabela 4: Poziomy włączenia składników i zabiegów doświadczalnych

Ingredient	**Obróbka1**	**Obróbka 2**	**Tretment3**
Liść *Moringa*meal	98	--	49
Sojameal	....	98	49
Spoiwo (maniokflour)	1	1	1
Witamina i minerał			
Premix	1	1	1
Total	**100**	**100**	**100**

4.4 Żywienie i zbieranie danych

Ryby karmiono 5% masą ciała (oznaczoną po pobraniu próbek) przez cały okres doświadczalny o godz. 9.00 i 14.00 dziennie. Próbki pobierano w dwutygodniowych odstępach czasu, podczas których pobierano dane dotyczące masy ciała (g), długości standardowej (mm) i długości całkowitej (mm) pięciu (5) ryb z każdego zbiornika. Wzrost masy ciała (WG), średni przyrost masy ciała (AWG), procentowy wzrost średniej masy ciała (%AWG), wskaźnik szczególnego wzrostu (SGR), wskaźnik przeżywalności (SR) oraz współczynnik konwersji paszy (FCR) zostały obliczone zgodnie z wytycznymi Kang'ombe *i in.*

a. Przyrost masy (WG, g) = masa końcowa (g) - masa początkowa (g);

b. Średni przyrost masy ciała/dzień = przyrost masy ciała (g) / czas (dni);

c. % wzrost średniej wagi = [(średnia waga końcowa - średnia waga początkowa)/średnia początkowa weight)] X 100

d. Tempo wzrostu właściwego (SGR, % d-1) = 100 x (Ln waga końcowa (g) - Ln waga początkowa (g))/ czas (dni)

e. Wskaźnik przeżycia (%) = 100 x (początkowa liczba ryb - liczba ryb martwych)/Natychmiastowa liczbaof ryb.

f. Przeliczanie paszy (AFCR) = waga ciała/ilość podanej paszy.

4.4 Analiza statystyczna

Analizę danych przeprowadzono z prawdopodobieństwem na poziomie 5% przy użyciu jednokierunkowej analizy wariancji (ANOVA). W przypadku stwierdzenia istotnych różnic w leczeniu, test Tukeya wykorzystano do zbadania różnic między środkami leczenia. Analizę przeprowadzono przy użyciu wersji SPSS 20.

Poniżej znajduje się model statystyczny, który został użyty:

$Yij = \mu + \tau i + \varepsilon ij$

Gdzie:

Yij = j-ta obserwacja i-

tego leczenia μ =

średnia ogólna τi =

wpływ i-tego leczenia

εij = błąd związany z j-tym i-tym traktowaniem

5.0 WYNIKI

5.1 Wzrost ryb

Wyniki nie wykazały istotnych różnic (P>0,05) we wzroście pomiędzy zabiegami w całym okresie doświadczalnym. Początkowa średnia masa ryb nie różniła się istotnie (P>0,05) między wszystkimi zabiegami. Wyniki wykazały, że dieta sporządzona wyłącznie z mączki z liści moringa oraz że tylko z mączki sojowej była lepsza w poprawie wzrostu *Oreochromis shiranus* w porównaniu z kombinacją tych dwóch diet w stosunku 1:1.

Ryba wzrosła z początkowej średniej wagi 13,14g do 20,53g w leczeniu 1, 14,33g do 20,95g w leczeniu 2 i z 13,27g do 19,33g w leczeniu 3. Tabela 5 poniżej przedstawia dane dotyczące początkowej średniej masy ciała, średniej masy końcowej, średniego przyrostu masy ciała (AWG), średniego przyrostu dobowego (ADG), wskaźnika szczególnego wzrostu (SGR), współczynnika konwersji paszy (FCR) i wskaźnika przeżywalności (SR) *Oreochromis shiranus* hodowanych w plastikowych zbiornikach karmionych tylko *moringą*, tylko soją oraz kombinacji *moringi* i soi przez 84 dni.

Tabela 5: Wydajność wzrostu, wskaźnik przeżywalności i AFCR dla *O. shiranus* karmionych różnymi sposobami leczenia

Parameter	**Obróbka1**	**Traktowanie**	**Traktowanie2 3**
	(tylko Moringa)	**(tylko soja)**	**(Moringa + soja)**
Masa początkowa (g) 13.41±0.64a		14.33±0.84a	13.27±1.01a
Masa końcowa (g)20,53±0,63a		20.95±0.78a	19.33±0.94a
Masa średnia zysk(g)	7,11±0,76a	7.33±1.36a	6.07±1.23a
Średnia waga zysk/dzień(g) 0,085±0,43a		0.087±0.36a	0.072±0.16b
Wzrost procentowy wredny	53.02±29a	51.15±27a	45.74±37b
Szczególny wzrost stawka (SGR)	0.62±0.07a	0.57±0.11b	0.57±0.12b
Widoczna pasza Konwersja Stosunek (AFCR)	1.29 ±0.11a	1.67 ±1.37a	1.39 ±0.63a
Procent przetrwanie (%)	66.67±0.00b	88.89±1.05a	50.0±0.13c

Środki (±SE) w tym samym rzędzie z tym samym indeksem górnym nie różnią się istotnie ($P<0,05$).

Wyższy przyrost masy ciała odnotowano w pierwszych czterech tygodniach i ostatnich dwóch tygodniach eksperymentu, jak pokazano na rysunku 1 poniżej.

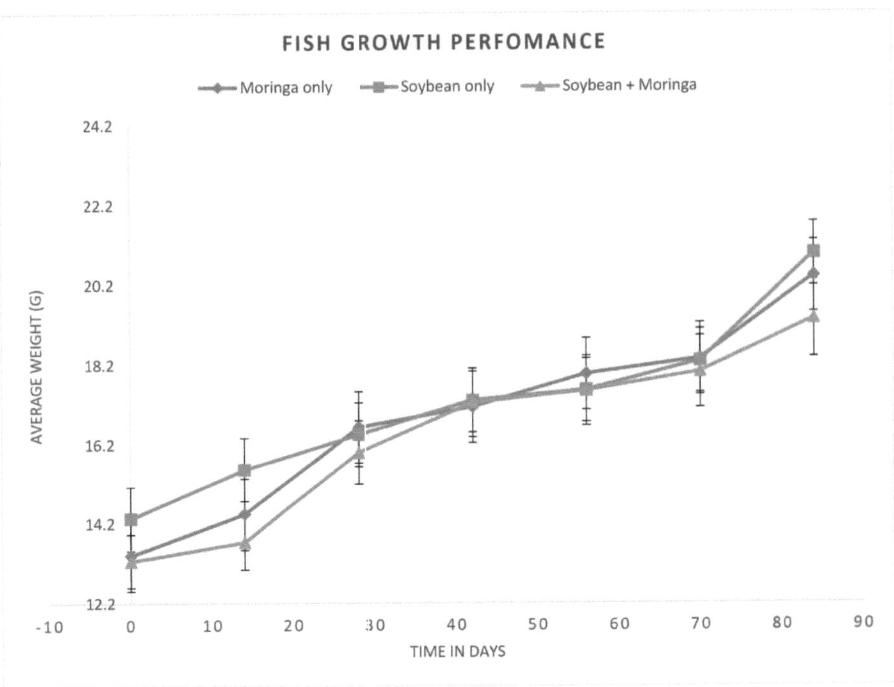

Ryc. 1: Średni wzrost (waga) *Oreochromis shiranus* karmionego mączką z liści *moringa*, mączką sojową i mączką sojową + mączką sojową hodowaną przez 84 dni.

5.2 Przetrwanie ryb i wykorzystanie paszy

Ryby karmione różnymi dietami charakteryzowały się istotnymi różnicami ($P<0,05$) w przeżywalności. Najwyższy wskaźnik przeżywalności zaobserwowano w przypadku ryb karmionych wyłącznie śrutą sojową (88,89%), a następnie ryb karmionych wyłącznie Moringą (66,67%). Osoby karmione dietą sporządzoną z połączenia tych dwóch odnotowały najwyższy wskaźnik umieralności (50%).

Współczynnik konwersji paszy pozornej (AFCR) został zarejestrowany na poziomie 1,67±1,37%/dobę w przypadku leczenia 1; był wyższy w przypadku leczenia 2 na poziomie 1,67±1,37%/dobę. Leczenie 3 (mączka z liści *Moringa* + mączka sojowa) zarejestrowało AFCR na poziomie 1,39±.63%/dzień.

5.3 Parametry jakości wody

W tabeli 6 poniżej przedstawiono średnie wartości parametrów jakości wody, które były monitorowane w trakcie eksperymentu. Temperatura mieściła się w zakresie od

24,18-27,67 °C, wartości pH wahały się od 7,08 do 9,56. Z drugiej strony mętność wahała się od 6,6 do 16,02 cm, a całkowity zakres zawartości amoniaku w wodzie wynosił od 0,05 do 0,13 mg/l. Wyniki te są zgodne z tym, co Chapman (2000) zalecał dla rozwijającej się tilapii.

Tabela 6: Parametry jakości wody monitorowane w eksperymentalny czołgi zaopatrzone w *O. shiranus*.

Parametr	Leczenie		
	Obróbka 1	**Obróbka 2**	**Obróbka 3**
Temperatura (^{o}C)a.m.	24.43±0.36a	24.18±0.12a	24.33±0.12a
Temperatura (^{o}C)p.m.	27,67±0,11a	27.27±0.12a	27.65±0.25a
Mętność(cm)	8,3-16,02	6.6-13.14	7.9-11.03
pHrange	7,08-9,46	7.34-9.56	7.91-9.43
Amoniakrange (mg/L)	0,071±0,04	0.05 ± 0.67	0.13 ± 0.07

6,0 DYSPOZYCJA

Nie stwierdzono istotnych różnic (P<0,05) między parametrami wzrostu paluszków podnoszonych na dietach zawierających tylko mączkę z liści moringa *oleifera*, tylko mączkę sojową oraz kombinację moringa i soi w równych proporcjach w plastikowych zbiornikach nawożonych obornikiem z kurczaka.

Tempo wzrostu specyficznego (SGR) wahało się od 0,57±11%day-1 do 0,62±0,07%day-1. Był on wyższy w leczeniu zawierającym tylko *moringę* (0,62±0,07%dobę-1), ale istotnie niższy niż wyniki badań Madalla *et al* (2013), która zgłosiła SGR na poziomie 1,55%dobę-1, ale pracowała z Nilową tilapią. Leczenie zawierające kombinację moringi i soi zanotowało 0,57±12% dnia-1, co nie różniło się istotnie od leczenia zawierającego tylko soję, które wynosiło 0,57±11% dnia-1. Wyniki te można przypisać między innymi temu, że poziom białka surowego w diecie był niski w porównaniu z optymalnymi wartościami podanymi dla hodowli tilapias według Biura Rybołówstwa i Zasobów Wodnych (1992).

Wartości średniego przyrostu masy ciała (AWG) nie różniły się istotnie (P<0,05) między zabiegami zawierającymi tylko moringę (0,085±0,43/dobę (g)) i tylko soję (0,087±0,36/dobę (g)). Różniły się one istotnie od leczenia zawierającego *moringę* i soję (0,072±0,16 dnia (g)). Wczesna dojrzałość płciowa (składanie jaj)

O. shiranus, jak był świadkiem w tej próbie w ciągu miesiąca po zarybianiu, zużywa dużo energii poprzez seksualny wzrost rozrodczy, który mógł być wykorzystany do wzrostu, o czym donosili Fryer i Elles (1992).

Oreochromis shiranus są wylęgarnie i inkubują jaja w jamie ustnej po zapłodnieniu podczas wylęgu. W tym okresie kobiety zmniejszają spożycie paszy (Motohiro *i in.,* 2001). Według Maluwa (1990), żeńskie *O. shiranus* osiąga pierwszą dojrzałość płciową wcześniej niż mężczyźni, zazwyczaj przy masie ciała poniżej 20g lub w ciągu dwóch miesięcy po zarybianiu.

Wskaźnik przeżycia ryb był najwyższy w Treamencie 2 (tylko śruta sojowa) i wynosił 88,89±1,05%. Leczenie 2 (tylko moringa) zanotowało 66,67%, natomiast leczenie 3 (moringa i soja) zanotowano na poziomie 50% przeżywalności. Wysoka śmiertelność, której doświadczono we wczesnej fazie badania, może być spowodowana złymi warunkami aklimatyzacji i brakiem właściwego napowietrzania. Dzieje się tak dlatego, że kraj ogólnie doświadczał nieciągłych dostaw energii.

Widoczny wskaźnik konwersji pasz (AFCR) był niższy niż zgłoszony przez Madalla *et al* (2013), ale jest zgodny z tym, co Ndivayele (2007) dla rozwoju tilapia. Współczynnik konwersji paszy pozornej (AFCR) został zarejestrowany na poziomie 1,67±1,37%/dobę w przypadku leczenia 1; był wyższy w przypadku leczenia 2 na poziomie 1,67±1,37%/dobę. Obróbka 3 (Mączka z liści *Moringa* + Mączka sojowa) zarejestrowała AFCR w postaci
1.39±.63%/dzień.

Parametry jakości wody nie różniły się istotnie między zabiegami (P<0,05) i mieściły się w zakresach, których nie można określić jako krytyczne dla rozwoju tilapii (Chapman, 2000) z wyjątkiem mętności i barwy wody w zbiornikach uprawnych. Nie stwierdzono zmętnienia. różnią się znacznie w zabiegach zawierających tylko soję i kombinacji moringa i soja, ale te były znacznie różniące się od leczenia karmionego tylko moringą. Woda w tym uzdatnianiu była bardziej przejrzysta w całym okresie doświadczalnym. Pierwotna produkcja w tych zbiornikach tworzyła mikroflokulki (małe pływające małże).

7.0 KONKUSJA I ZALECENIE

Badania wykazały, że mączka z liści *moringa oleifera* może kompetentnie zastępować mączkę sojową w uprawie *Oreochromis shiranus* w nawożonych zbiornikach. Próba ta wykazała, że dieta wytwarzana z moringi, wyłącznie lub jako dodatek i soja jest skuteczna w uzupełnianiu nawożenia zbiorników obornikiem z kurczaka i nie wpływa znacząco na wydajność wzrostu *koszulki Oreochromis*.

Na parametry jakościowe wody nie ma negatywnego wpływu żywienie *moringa* leaf diet w zbiornikach albo jako dodatek albo wyłącznie.

W świetle tego eksperymentu zaleca się stosowanie mączki z liści *Moringa oleifera* jako alternatywy dla mączki sojowej w hodowli *Oreochromis shiranus*.

Ponadto zalecam przeprowadzenie podobnych prób na różnych gatunkach ryb o wartości dla akwakultury w kraju, jak również dalszych badań, które obejmują porównanie moringi z innymi źródłami energii jako suplementu lub pojedynczych diet.

Badanie to likwiduje zatem mgłę, która pojawiła się w malawijskim sektorze akwakultury, dotyczącą wykorzystania moringi jako źródła białka roślinnego. Zachęca do stosowania lokalnie dostępnych, odżywczo zrównoważonych, tanich diet w formie roślinnych źródeł białka, takich jak moringa i dieta sojowa. W połączeniu z dobrym zarządzaniem powinno to umożliwić przeniesienie malawijska akwakultura na kolejny poziom.

i. Podziękowania

Specjalne podziękowania dla całego Wydziału Akwakultury i Rybołówstwa w LUANAR, rodzin Ntakati, Mpoya, Dafter, Kalima i Bunda CSO, Upile Pulaizi i Lyson Nakhwala moich najbliższych przyjaciół, Gabriel Dean Chilumpha i Nooney Chidwala moich współlokatorów, Evelyn i Chipiliro Tenthani, David Kathyole, Harrison Masanjala i wszystkich moich kolegów z klasy za wsparcie finansowe i moralne udzielone mi podczas badań.

ii. Wkład własny

Z serdeczną wdzięcznością dziękuję moim przełożonym, profesorowi J. Kang'ombe i profesorowi nadzwyczajnemu; dr A. Mtethiwa za wsparcie w prowadzeniu i nadzorowaniu mnie przez przedsięwzięcia związane z moim projektem. Bez jego wysiłku i cierpliwości wobec mnie, mógłbym zostać stracony.

Jestem również wdzięczny personelowi technicznemu farmy akwakultury Bunda, w szczególności panu posłowi Chaggwa i pani poseł Loness Lemerani, że mogli tam być, kiedy nie mogłem tego zrobić i rzeczywiście zaakceptowali mnie jako jednego ze swoich.

iii. Konflikt interesów

Sponsorzy finansowi nie odegrali żadnej roli w projektowaniu badania, w gromadzeniu, analizie lub interpretacji danych, w pisaniu manuskryptu oraz w podejmowaniu decyzji o opublikowaniu wyników.

REFERENCJE

Państwo Abo, H., H., Hammouda Y., El-Nadi A., AboZaid H (2014). *Ocena karmienia surowego moringa (Moringa oleifera Lam.) pozostawia mączkę w diecie Nilil tilapia fingerings (Oreochromis niloticus).* Globalny weterynarz. 13(1): 105-111

Afuang W., Siddhuraju P. i Becker K. (2003). *Porównawcza ocena wartości odżywczej surowych, wyekstrahowanych pozostałości metanolu i ekstraktów metanolu z liści Moringa (Moringa oleifera Lam.) pod kątem wydajności wzrostu i wykorzystania paszy w Nil tilapia (Oreochromis niloticus L.).* Zasoby akwakultury, 34(13): 1147-1159

Al-Kharusi L. M., Elmardi M. O., AliA., Al-Said F. A. J., Abdelbasit K. M., i Al-Rawahi S. (2009). *Wpływ nawozów mineralnych i organicznych na właściwości chemiczne i jakość owoców daktyloskopijnych.* International Journal of Agricultural Biology, 11: 290-296.

Aslam, M., Anwar F., Nadeem R., Rashid U., Kazi T.G. i Nadeem M. (2005). *Skład mineralny liści i strąków Moringa oleifera z różnych regionów Pendżabu w Pakistanie.* Asian Journal. Plant Science. 4: 417-421

Teresa Banaszkiewicz (2011). *Wartości odżywcze śruty sojowej* http://www.intechopen.com/books/soybean-and-nutrition/nutritional-value-soybean-meal Retrieved [10] maja 2016 r.

Carera C. S., Reynoso C. M., Funes G. J., Martinez M.J., Dardanelli J. i Resnik S. L. (2011). *Skład aminokwasowy nasion soi, na który mają wpływ zmienne klimatyczne.* Pesq.agropec.bras. 46(2)

Chapman, F.A. 2000. Kultura hybrydowej Tilapii. Profil referencyjny. Departament

Rybołówstwo i nauki wodne; Cooperative Extension Service, Institute of Food and Scientific; Cooperative Extension Service, Institute of Food and

Agricultural Sciences, University of Florida, Gainesville, 32611.thttp://edis.ifas.ufl.edu.html. Odzyskane 11/7/2017 r.

Egwui, P.C, Mgbenka, B. O i Ezeonyejiaka (2013). *Roślina Moringa i jej zastosowanie jako pasza w rozwoju akwakultury:* Recenzja. Animal Research International. 10: 159-311

Fagbenro, O.A. i Davies, S.I. (2003). *Zastosowanie wysokoprocentowego koncentratu soyproteinowego jako substytutu mączki rybnej w praktycznych dietach dla*

Ryba afrykańska, Clarias gariepinus (Burchell 1822): wzrost, wykorzystanie paszy i jej strawność. Dziennik Akwakultury Stosowanej 16(1).

Fahey J.W (2005). *Moringa oleifera*: przegląd dowodów medycznych dotyczących jego właściwości odżywczych, terapeutycznych i profilaktycznych - część 1. Drzewa Żywotność J. 1(5)

FAO (2014) *Informacje dotyczące rybołówstwa i akwakultury oraz usługi statystyczne w zakresie organizacji Narodów Zjednoczonych ds. żywności i rolnictwa.* Rzym, Włochy.

Grabow, W. O. K., Slabbert, J.L., Morgan, W.S.G. i Jahn, S.A.A. (1985). *Ocena toksyczności i mutagenności wody skoagulowanej preparatem z nasion Moringa oleifera z użyciem pierwotniaka rybnego, koliphage'u bakteryjnego, testu enzymatycznego i testu na obecność salmonelli.* CAB Abstract.

Jahn, S.A.A., JahnSamia-Al Azh-Aria i Al-Azharia, S.S. (1986). *Uzdatnianie wody za pomocą tradycyjnego roślinnego koagulantu i oczyszczającej gliny.* Zapis 10 i 26 CAB Abstrakt.

Jahn, S.A.A., (1986). *Monitorowanie koagulacji wodnej nasionami Moringa oreifera w gospodarstwie domowym wsi.* Dziennik nauk analitycznych 1: 40- 41

Kang'ombe J. (2011). *Akwakultura Technologia żywienia i karmienia.* RUFORUM, Kampara, Uganda.

Kang'ombe, J., Brown, A.J i Halfyard, L. C. (2007). *Wpływ żywienia jednym składnikiem uzupełniającym dietę na wzrost, wykorzystanie paszy, obfitość planktonu i przetrwanie Tilapia, Tilapia rendalli Boulenger, w zbiornikach.* Dziennik Akwakultury Stosowanej **19**(**4**): 1045-4438.

Witt K.A. *Zawartość składników odżywczych w Moringa oleifera Leaves.* www.curacletrees. (Odzyskane [21] marca, 2016 r.).

Madalla N, Kitojo O., Shighulu H. i Chenyambuga S. (2013). *Wpływ poziomu i częstotliwości karmienia na wydajność diety Nilu tilapia (Oreochromis niloticus) zawierającej mączkę z liści Moringa i makuchy z nasion słonecznika.* Uniwersytet Rolniczy Sokoine, Morogoro, Tanzania.

Madalla N., Agbo N.W i Juancey K. (2013). *Ocena Ekstrahowanego Wodnego Mączki Liście Moringa jako odnawialnego źródła dla młodzieży z Nilapii.* Tanzania Journal of Agricultural Sciences. 12(1) 43 - 64

Makker H.P.S., Francis G. i Becker K. (2007). *Bioaktywność fitochemikaliów w niektórych mniej znanych zakładach oraz ich skutki i potencjalne zastosowania w systemach produkcji zwierzęcej i akwakultury.* Zwierzęta, 1(9): 1371-1391-1391

Mosha T.C., Pace R.D., Adeyeye S., Mtebe K. i Laswai H (1995). *Proksymalny skład i zawartość minerałów w wybranych warzywach tanzańskich oraz wpływ tradycyjnego przetwarzania na zatrzymywanie kwasu askorbinowego, ryboflawiny i tiaminy.* Plant Food Human Nutrition (Żywienie człowieka). 48: 235 – 245

Ndivayele E. (2007). *Wydajność wzrostu i zyski ekonomiczne młodych Tilapia rendalli hodowanych w klatkach stawowych przy różnych gęstościach obsady.* Praca magisterska.

Ojiako E. K (2014). *Analiza fitochemiczna i przesiewanie przeciwdrobnoustrojowe ekstraktów z liści Moringa oleifera.* Międzynarodowy Dziennik Inżynierii i Nauki. 3(3): 32-35

Rajurkar N. S. i Damame M.M. (1998). *Zawartość minerałów w roślinach leczniczych stosowanych w leczeniu chorób wynikających z zaburzeń dróg moczowych.* Biologiczne zasoby pierwiastków śladowych. 5: 1-6

Richter, N., Siddhuraju, P. i Becker, K. (2003). *Ocena jakości odżywczej Moringa (Moringa oleifera. Lam.) Liście jako alternatywne źródło białka dla Nil tilapia (Oreochromis niloticus L.)* Akwakultura 217: 599-611

Swift R.D. (1993). *Aquaculture Training Manual,* wydanie drugie, 54 university street, Carlton Victoria 3053, Australia.

Printed by Books on Demand GmbH, Norderstedt / Germany